MEINE ERFINDUNG SELBER ANMELDEN!

ODER WIE MAN

MIT 40 EURO

SEINE IDEE MIT EINEM

GEBRAUCHSMUSTER SCHÜTZT!

von

Heinrich Beutler

Für Aidyn und Amelia

(Names in order of appearance)

AUSGABE 1 (2018) ©

1

ÜBER DIESES BUCH

Der Autor beschreibt in diesem Buch den Weg von einer Erfindung bis zum erteilten Schutz durch das Deutsche Patent- und Markenamt.

Als Beispiel nimmt er seine eigene Idee, die er auch tatsächlich als Gebrauchsmuster angemeldet hat.

Von der Recherche bis zum Ausfüllen der notwendigen Formulare wird der Leser Schritt für Schritt durch den für Laien manchmal etwas schwierigen Prozess geleitet.

Aber keine Angst, hier schreibt ein Praktiker, der ohne Juristendeutsch auskommt und auch komplizierte Sachverhalte einfach zu erklären weiß.

Wenn sie eine pfiffige Idee haben, können sie diese, z.B. als Gebrauchsmuster, auch selbst anmelden.

 Und das schon ab 40 Euro!

Dies ist der einfache und kostengünstige Weg ihre Erfindung zu schützen!

Inhaltsverzeichnis

ÜBER DIESES BUCH   2

LEGAL NOTES   4

1.DIE IDEE   5

2.PATENT ODER GEBRAUCHSMUSTER?   8

3.DIE SUCHE   11

4.DAS ANMELDEFORMULAR   22

5.DIE BESCHREIBUNG   24

6.DIE SCHUTZANSPRÜCHE   30

7.DIE ZEICHNUNG   33

8.DIE ANMELDUNG   35

IMPRESSUM   40

LEGAL NOTES

1. DIE IDEE

Als mein Arzt bei mir die Augenkrankheit „Grüner Star" feststellte, bekam ich es schon ein bisschen mit der Angst zu tun.

Klar, bei sachgemäßer Anwendung der verschriebenen Medikamente, sollte die Gefahr vollständig zu erblinden eigentlich gering sein und ein Fortschreiten der Krankheit gestoppt werden können.

Trotzdem kam ich ins Grübeln. Wie könnte man erblindeten Menschen ein Gefühl ihrer Umgebung vermitteln?

Da ich über jahrelange Erfahrung im IT Bereich, sowohl bei Hardware, als auch bei Software verfüge, entwickelte sich nach einiger Zeit quasi wie von selbst ein Gedanke heraus.

Wie wäre es, wenn man Videobilder, die zum Beispiel von in einer Brille integrierten Kamera geliefert würden, auf eine aktive Folie, die sich in einem Stirnband befindet, zu übertragen. In dieser Folie würden sich sehr kleine Elektromagneten befinden, die pixelgenau Druck auf die Haut übertragen würden.

Können Sie sich das
ungefähr vorstellen?

Schwarz/Weiss Bild Kammera

Elektromagnet an = Dunkel
Elektromagnet aus = Hell

So weit, so gut. Ich weiß bis heute nicht, ob diese Idee überhaupt funktioniert. Natürlich ist die technische Umsetzung an sich kein Problem. Brillenkameras gibt es, eine Umsetzung der Pixel in eine Ansteuerung von Elektromagneten stellt programmiertechnisch auch keine Hürde dar. Nur so kleine Elektromagneten, die ich für meine Stirnfolie brauche, sind mir nicht bekannt. Aber ich arbeite daran.

Und ob ein Mehrwert für Blinde dabei herauskommt, kann man erst mit einem Prototyp feststellen.

Aber was soll ich jetzt machen?

Gehe ich jetzt mit dieser Idee auf die Industrie und Forschung zu, besteht die Gefahr, dass meine schöne Erfindung von jemand geklaut wird.

Also werde ich meine Erfindung jetzt schützen!

2.PATENT ODER GEBRAUCHSMUSTER?

Diese Frage stellt sich für eine kleine Erfindung nicht wirklich.

Obwohl die Vorgaben zur Erlangung des Schutzes einer Erfindung bei Patent und Gebrauchsmuster nahezu gleich sind, so gibt es doch einige Unterschiede.

Das sagt das DPMA dazu:

- **Anwendungsbereich**

Erfindungen, die neu sind, auf einem erfinderischen Schritt beruhen und gewerblich anwendbar sind, können grundsätzlich sowohl als Patent als auch als Gebrauchsmuster geschützt werden. Zu beachten ist dabei, dass technische und chemische Verfahren zwar patentiert, als Gebrauchsmuster jedoch nicht geschützt werden können.

- **Laufzeit**

Das Gebrauchsmuster ist maximal 10 Jahre lang geschützt. Hier besteht ein wesentlicher Unterschied zum Patent; ein Patent kann bis zu 20 Jahre (bei

Medikamenten: maximal 25 Jahre) aufrechterhalten werden.

Der Gebrauchsmusterschutz gilt zunächst für 3 Jahre. Jeweils nach 3, 6 und 8 Jahren können Sie den Schutz verlängern. Hierzu ist jeweils eine Aufrechterhaltungsgebühr zu zahlen.

- **Verfahren**

Beim Gebrauchsmuster werden Neuheit, erfinderische Leistung und gewerbliche Anwendbarkeit zunächst nicht geprüft. Erst in einem späteren Löschungs- oder Verletzungsverfahren erfolgt nachträglich eine Prüfung. Das Gebrauchsmuster ist dadurch einfacher, schneller und kostengünstiger als ein Patent zu erlangen; es besteht jedoch auch eine größere Gefahr, dass es angegriffen und gelöscht wird.

Ein Patent wird vom Deutschen Patent- und Markenamt nur erteilt, nachdem eine Prüfung auf Neuheit, erfinderische Leistung und gewerbliche Anwendbarkeit stattgefunden hat. Diese Prüfung ist oft sehr zeitaufwändig und verursacht Kosten.

Quelle DPMA

Also mal kurz zusammengefasst:

Maximaler Schutz der Erfindung:

Patent: 20 Jahre

Gebrauchsmuster: 10 Jahre

Gebührenpflichtige Recherche des DPMA (Momentan 250€):

Patent: Zwingend vorgeschrieben

Gebrauchsmuster: Nicht vorgeschrieben, kann aber von ihnen beantragt werden.

Prüfung der Neuheit, der erfinderischen Leistung und der gewerblichen Anwendbarkeit:

Patent: Zwingend vorgeschrieben, langwierig.

Gebrauchsmuster: Nicht vorgeschrieben, die Erfindung kann aber leider leichter in Frage gestellt werden.

Aus den obengenannten Gründen entscheiden wir uns für das Gebrauchsmuster. Auch weil man hier als „Einzelkämpfer" eher eine Chance hat.

3.DIE SUCHE

Wenn ich ein Gebrauchsmuster oder
Patent anmelden möchte, ist für mich in
Deutschland das

Deutsches Patent- und Markenamt
80297 München

- Telefon: 089 2195-1000
  (montags bis donnerstags von 8.00 -
  16.00 Uhr und freitags von 8.00 -
  14.00 Uhr)
- E-Mail: info@dpma.de

zuständig. Dies ist auch die Anlaufstelle
um eine sogenannte „Recherche"
durchzuführen.

Die Recherche ist notwendig, um
sicherzugehen, dass man das Rad nicht
zum zweiten Mal erfunden hat. Denn falls
jemand diese Idee schon vor ihnen
gehabt hat und sie sich hat schützen
lassen, kann er sie verklagen! Und
natürlich würden sie auch nie ein Patent
darauf bekommen

Und auch wenn ihre Idee bei der
Patentrecherche nicht auftaucht, heißt
das noch lange nicht das sie
schützenswert wäre.

11

Mit anderen Worten, das Rad können sie sich nicht schützen lassen, weil es mittlerweile zum „Stand der Technik „gehört.

Und noch etwas, erzählen sie niemandem von ihrer Erfindung! Denn sollte sich herausstellen, dass vor Erteilung des Patents schon jemand davon gewusst hat, wird dieses nicht erteilt. Beim Gebrauchsmuster sieht es etwas anders aus, aber auch hier sollte man Vorsicht walten lassen.

Also hier noch mal die Voraussetzungen:

1. Erfindung ist neu, gab es noch nicht. (Und kennt auch keiner!)

   Nicht „Stand der Technik"

2. Es ist kein „perpetuum mobile"

   (Also eine Maschine, die ohne Energiezufuhr läuft)

   Warum: Physikalisch unmöglich.

Wenn also diese Voraussetzungen erfüllt sind, begeben wir uns jetzt auf die Suche mit der „Patentrecherche".

1. Patentanwalt

Falls sie sich unsicher fühlen, können sie einen Patentanwalt beauftragen. Der wird sie in allen Belangen, von der Recherche bis zur Anmeldung beraten. Das Wort „Anwalt" lässt sie vielleicht schon erahnen, dass dieser Schritt alles andere als günstig ist.

Hier spielt die Kosten/Nutzen Relation eine Rolle. Wenn sie glauben, dass ihre Erfindung bahnbrechend ist und Millionen einbringen wird, wäre der Anwalt immer die erste Wahl. Aber bitte realistisch bleiben!

2. Anlaufstellen mit Beratung

Eine andere Möglichkeit bieten z.B. Informationszentren der technischen Universitäten in ihrem Bundesland.

Hier werden sie bei der Patentrecherche unterstützt, allerdings in den meisten Fällen auch nicht kostenlos. Aber meistens günstiger als ein Patentanwalt.

3. Selber im Internet bei der DPMA suchen.

Wir bleiben jetzt mal bei meiner Erfindung, und begeben uns auf die Suche bei der Datenbankrecherche des Deutschen Patentamts.

Warum müssen wir hier überhaupt recherchieren?

Ganz einfach, um herauszufinden, ob jemand schon mal auf die gleiche Idee gekommen ist.

Außerdem müssen wir unsere Erfindung später auch auf dem richtigen Platz einordnen.

Dafür sollten sie sich schon Zeit nehmen, den je besser sie in der Datenbank nachschauen, desto unangreifbarer wird ihr Ergebnis sein.

Das ist eigentlich der nervigste, aber auch der wichtigste Teil.

Alles was danach kommt ist Kindergarten!

Also los geht's!

Wir gehen auf die Recherche Seite des DPMA mit dem untenstehenden Link.

https://depatisnet.dpma.de/ipc/

Bei diesem Fenster befinden wir uns im Hauptordner des IPC Verzeichnisses.

Hier kreuzen wir bei Anzeigenoptionen nichts an (außer Anmerkungen und Sachverzeichnisse) und im Fenster IPC Symbol lassen wir das Feld frei. Dann klicken wir auf „Ausführen".

15

Dann sollte es auf der rechten Seite so aussehen.

Sektion A — Täglicher Lebensbedarf

Sektion B — Arbeitsverfahren; Transportieren

Sektion C — Chemie; Hüttenwesen

Sektion D — Textilien; Papier

Sektion E — Bauwesen; Erdbohren; Bergbau

Sektion F — Maschinenbau; Beleuchtung; Heizung; Waffen; Sprengen

Sektion G — Physik

Sektion H — Elektrotechnik

Für meine Erfindung können wir ja schon einige Sektionen ausschließen. Sektion A klingt am naheliegendsten. Also klicken wir auf A.

Hier finden wir eine große Anzahl von Unterpunkten. Auch jetzt kann man mit ein bisschen Nachdenken den richtigen Unterordner finden.

 In meinem Fall wäre das:

A61 Medizin oder Tiermedizin; **Hygiene**

Und weiter geht's. Ein Klick auf die A61 bringt uns eine Ebene tiefer.

A61F

Filter in Blutgefäße implantierbar; **Prothesen**; **Vorrichtungen, die die Durchgängigkeit in rohrförmigen Körperteilen schaffen oder deren Zusammenfallen verhindern, z.B. Gefäßstützen**; **Vorrichtungen für Orthopädie, Krankenpflege oder Empfängnisverhütung**; **Umschläge**; **Behandlung oder Schutz von Augen oder Ohren**; **Bandagen, Verbände oder absorbierende Kissen**; **Ausrüstung für erste Hilfe** (Zahnprothesen A61C) [6, 2006.01]

„Prothese" hört sich für meine Erfindung recht sinnig an. Also Klick auf A61F.

Ich weiß was sie jetzt empfinden, nämlich dass es ziemlich kompliziert ist, aber da müssen wir durch. Denn wenn sie ein Gebrauchsmuster oder Patent anmelden, wird auf dem Anmeldeformular eine exakte Einordnung gefordert.

A61F 9/08

Vorrichtungen oder Verfahren, um Augenkranken das direkte Sehen durch andere Wahrnehmungsarten zu ersetzen [1, 2006.01]

Und Bingo! Das hört sich doch gut an Jetzt wissen wir, wo unser Gebrauchsmuster oder Patent einzuordnen ist. Aber noch wissen wir nicht, ob unsere Erfindung schon angemeldet ist.

Wir notieren uns die Einordnungsnummer, also **A61F 9/08** und gehen bei der Patentamtsseite auf die Kategorie:

DPMA Register Einsteiger

https://register.dpma.de/DPMAregister/pat/einsteiger

18

So sollte die Seite jetzt aussehen.

Wir tragen bei „IPC-Haupt-/Nebenklasse:"
unsere gefundene IPC Klasse ein.

Also **A61F 9/08.** Und unten drunter
setzen wir noch einen Haken bei:

**Nur in Kraft befindliche Schutzrechte
anzeigen:**

Dann klicken wir ganz unten auf
„Recherche starten"

19

Als Ergebnis bekommen wir auf meine spezielle Anfrage 119 Ergebnisse. (Ändert sich täglich).

Hier kann man nun die einzelnen Einträge durch Anklicken anschauen.

Unter Punkt 57 (Zusammenfassung) wird nun das jeweilige Patent/Gebrauchsmuster beschrieben.

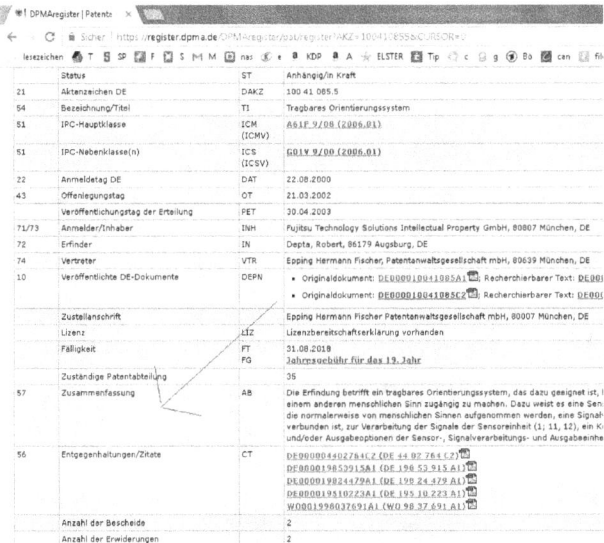

Sollte eines der hier aufgeführten Patente/Gebrauchsmuster in großen Teilen oder komplett mit ihrer Erfindung übereinstimmen, dann haben sie leider

20

Pech gehabt. Also denken sie sich was Neues aus, und zurück auf Anfang!

Falls sie keine Übereinstimmungen feststellen konnten, gibt es zwei Möglichkeiten.

1. Sie haben in der falschen IPC Klasse gesucht.

2. Ihre Erfindung ist wirklich neu.

Zu Punkt 1. ist zu sagen, dass sie sich wirklich Mühe geben müssen, obwohl sie ja eigentlich gegen sich selbst recherchieren.

Aber wenn sie es nicht tun, macht es ein anderer. Dies gilt besonders für Patentanmeldungen, Bei denen recherchieren nämlich die Mitarbeiter des Patentamtes.

Das ist zwingend vorgeschrieben und kostet Geld. (Momentan 250 Euro, nicht zwingend für Gebrauchsmuster)

Und glauben Sie mir, die verstehen ihre Arbeit!

Wenn aber Punkt 2. Zutrifft, kommen wir zum nächsten Punkt, der Anmeldung.

4. DAS ANMELDEFORMULAR

Da wir in diesem Buch hauptsächlich die Gebrauchsmusteranmeldung behandeln, werden wir uns nun mit dem entsprechenden Antragsformular beschäftigen. Dazu laden wir das Antragsformular von dieser Internetadresse herunter:

https://www.dpma.de/service/formulare/ gebrauchsmuster/index.html

Dieses Dokument wird als DOC oder PDF Datei angeboten. Wir wählen die DOC Datei die wir in einem gängigen Textverarbeitungsprogramm öffnen können.

Auf Seite 1 des Formulars tragen sie bitte ihre Adresse, das Datum, die Telefonnummer und Ihr Kürzel ein. Machen sie ein Kreuz bei „Anmelder".

Dann wären wir mit der ersten Seite schon fertig.

Auf der zweiten Seite ist eigentlich nur Punkt sechs auszufüllen. Nämlich die kurze, aber prägnante Bezeichnung ihrer Erfindung. In meinem Fall wäre das:

22

Elektronische Hautkontakt
Orientierungshilfe für Sehbehinderte

Und in der selben Rubrik die genaue von ihnen ermittelte IPC Nummer, also:

A61F 9/08

Hier muss jetzt nicht mehr eingegeben werden, und schon kommen wir zur dritten und letzten Seite.

Auf der dritten Seite wird gefragt, wie sie bezahlen möchten und wie viele Seiten für die Beschreibung, für die Schutzansprüche und für die Zeichnungen beigefügt sind.

Dann noch die Unterschrift und die Funktion des Unterzeichners (Anmelder) eintragen und wir sind mit dem offiziellen Formular fertig.

Der nächste Schritt ist das Erstellen der Beschreibung, der Schutzansprüche und eventuell der Zeichnungen.

5.Die Beschreibung

Bei der Beschreibung, den Schutzansprüchen und den Zeichnungen sollten sie auch ein paar formale Kriterien berücksichtigen.

Als Mindestränder sind auf den Blättern des Antrags, der Schutzansprüche und der Beschreibung folgende Flächen unbeschriftet zu lassen:

Oberer Rand 2 Zentimeter, linker Seitenrand 2,5 Zentimeter, rechter Seitenrand 2 Zentimeter, unterer Rand 2 Zentimeter

Schriftart und Größe

Eine gut lesbare Schrift zum Beispiel: Arial mindestens Größe 12

Und wenn sie alles einschicken, achten sie darauf, dass das Papier nicht geknickt oder verschmutzt ist. (Wurde bei mir bemängelt, es waren Schlieren vom Kopieren).

Ich habe eine Aufforderung bekommen, diese Mängel zu beheben, was ich dann auch tat.

Am besten alles in einem Din A4 Umschlag aus schwerem Karton versenden!

Und hier die von mir eingesandte Beschreibung:

Anlage zu Elektronische Hautkontakt Orientierungshilfe für Sehbehinderte

Beschreibung

Elektronische Hautkontakt Orientierungshilfe für Sehbehinderte

Orientierungshilfe für Sehbehinderte bietet zum Beispiel ein Blindenstock, mit dem man Hindernisse oder Stufen ertasten kann. Auch über akustische Rückmeldungen von Geräuschen, die vom Sehbehinderten erzeugt werden, kann sich dieser ein ungefähres Bild seiner Umgebung machen. Mittlerweile gibt es auch Chip Implantate, die bei bestimmten Augenerkrankungen eine bedingte Sehfähigkeit wiederherstellen.

All diese Möglichkeiten, bis auf die letztgenannte sehr aufwändige Methode, bieten dem Sehbehinderten nur ein sehr rudimentäres Abbild seiner Umgebung.

Der im Schutzanspruch angegebenen Erfindung liegt das Problem zugrunde, dem Sehbehinderten ein möglichst genaues Gefühl für seine Umgebung zu vermitteln, wobei auch eine Veränderung dieser, in Echtzeit zu übermitteln ist.

Dieses Problem wird mit den im Schutzanspruch aufgeführten Merkmalen gelöst.

Mit der Erfindung wird erreicht, das eine Mini Kamera eine auf die Haut aufgebrachte Platte oder Folie pixelgenau ansteuert, die mit hunderten von Nano Gebern ausgestattet ist.
Diese Nano Geber erzeugen einen variablen Druck auf der Haut.
Wobei im bestem Fall ein Geber einem Pixel des erzeugten Kamera Bildes entspricht.
Der variable Druck simuliert Farbunterschiede, hoher Druck = Dunkel, niedriger Druck = Hell.
So wird ein Stempelabdruck des aktuellen Kamera Bildes auf der Hautoberfläche erzeugt.

Die Mini Kamera kann in einem Brillengestell untergebracht werden.
Die Geber Folie/Platte wird über ein Stirnband über den Augen, oder auch unsichtbar an anderen Stellen auf der Haut angebracht.

Die Datenübermittlung von Kamera zur Geber Einheit erfolgt über Kabel oder Funk.

Ende meiner Beschreibung.

26

1. Die Beschreibung sollte schön knackig und kurz sein, aber trotzdem das wesentliche enthalten.

2. Eine Beschreibung des momentanen Ist Zustandes. (Stand der Technik)

3. Dann wird das mit ihrer Erfindung zu lösende Problem definiert

4. Und dessen Lösung möglichst genau erklärt.

Das ist meine Übersetzung der Anleitung des DPMA die ich hier noch mal im Wortlaut zitiere (Quelle:DPMA

2.1 Beschreibung (§ 4 Abs. 3 Nr. 4 GebrMG i.V.m. § 6 GebrMV) Der Titel der Beschreibung soll der Bezeichnung in Feld (6) des Anmeldevordrucks sowie dem in den Schutzansprüchen verwendeten Oberbegriff entsprechen. Es wird empfohlen, die Beschreibung mit der Angabe des technischen Gebiets, zu dem die Erfindung gehört, zu beginnen. Dann sollen der dem Anmelder bekannte Stand der Technik angegeben sowie die Mängel der bisher bekannten Ausführungen dargestellt werden.

Nunmehr ist darzulegen, welches technische Problem sich aus Sicht des Anmelders gestellt hat und mit welchen Mitteln er dieses Problem gelöst hat. Im Anschluss hieran soll die Erfindung anhand mindestens eines Ausführungsbeispiels erläutert werden; in diesem Ausführungsbeispiel sind auch Einzelheiten zu besonderen Ausführungsarten der Erfindung, die in den weiteren Schutzansprüchen aufgeführt sind, wiederzugeben. In diesem Teil der Beschreibung sind Bezugszeichen zu verwenden, wenn auf Zeichnungen Bezug genommen wird. Die Beschreibung wird zweckmäßig mit der Darstellung der durch den neuen Gegenstand erzielten Vorteile abgeschlossen. Fundstellen müssen so vollständig angegeben werden, dass sie nachprüfbar sind, z.B.: Patentschriften mit Land und Nummer (Hinweise auf nichtveröffentlichte Anmeldungen sind jedoch zu unterlassen); Bücher mit Verfasser, Titel, Verlag, Auflage, Erscheinungsort und -jahr sowie Seitenangabe; Zeitschriften mit Titel, Jahrgang oder Erscheinungsjahr, Heft- und Seitennummer.

Quelle: DPMA Merkblatt für Gebrauchsmusteranmelder (Ausgabe VI/2014)

6.DIE SCHUTZANSPRÜCHE

Hier nun meine Schutzansprüche, die ich in meinem Antrag gestellt habe.

Anlage zu Elektronische Hautkontakt Orientierungshilfe für Sehbehinderte

Schutzansprüche

1. Elektronische Hautkontakt Orientierungshilfe für Sehbehinderte mit Kamera und Nanogeber Folie/Platte

dadurch gekennzeichnet,

dass auf der Geber - Folie/Platte Nanodruckgeber aufgebracht sind.

2. Elektronische Hautkontakt Orientierungshilfe für Sehbehinderte mit Kamera und Nanogeber Folie/Platte

dadurch gekennzeichnet,

dass eine Funk- oder Kabelverbindung zwischen Kamera und Geber Folie/Platte besteht.

3. Elektronische Hautkontakt Orientierungshilfe für Sehbehinderte mit Kamera und Nanogeber Folie/Platte

dadurch gekennzeichnet,

dass die Bildinformationen der Kamera zu einem Stempelabdruck auf der Nanogeber Folie/Platte umgerechnet werden.

4. Elektronische Hautkontakt Orientierungshilfe für Sehbehinderte mit Kamera und Nanogeber Folie/Platte

dadurch gekennzeichnet,

dass die Umwandlung von Bild in Stempel in Echtzeit stattfindet.

5. Elektronische Hautkontakt Orientierungshilfe für Sehbehinderte mit Kamera und Nanogeber Folie/Platte

dadurch gekennzeichnet,

dass eine digitale Umwandlung der Bildinformationen in eine mechanische Übertragung auf die Haut stattfindet.

Ende meiner Schutzansprüche.

Und das sagt das Merkblatt des DPMA dazu:

Auf einem gesonderten Blatt folgen die **Schutzansprüche**. Sie bilden den Kern der Anmeldung, da der Inhalt der An-sprüche - und keinesfalls das, was lediglich der Beschreibung und ggf. den Zeichnungen zu entnehmen ist - letztlich den Schutzumfang bestimmt: Nur die technischen Merkmale, die in den Schutzansprüchen genannt sind, werden unter Schutz gestellt.
Die Formulierung der Ansprüche gelingt am leichtesten, wenn man beispielsweise folgende Fragen beantwortet: Aus welchen Teilen besteht die Vorrichtung? Wo sind welche Teile konkret angebracht? Wie sind welche Teile miteinander verbunden? etc.
In den Schutzansprüchen dürfen keine Funktionen, Verwendungsmöglichkeiten und Vorteile beschrieben werden. Angaben hierzu gehören ausschließlich in die Beschreibung. Zur Erinnerung: Jeder Anspruch ist mit der Bezeichnung einzuleiten und beim Abfassen von mehreren Ansprüchen ist eine fortlaufende Nummerierung vorzunehmen.

Quelle: DPMA Merkblatt für Gebrauchsmusteranmelder (Ausgabe VI/2014)

Mit anderen Worten: Nur was hier beschrieben wird, ist auch geschützt.

Je genauer sie hier die spezielle konstruktive Eigenart ihrer Erfindung beschreiben, desto weniger Schlupflöcher werden eventuelle Nachahmer finden.

Also hier nicht faul sein! Aber es dürfen wirklich nur die Merkmale **ihrer** Erfindung auftauchen, also keine Gemeinplätze!

Und wie im Merkblatt beschrieben, helfen folgende Fragen:

Aus welchen Teilen besteht die Erfindung?

Wie angebracht?

Wie verbunden?

Nehmen sie ruhig meine Vorlage zur Hilfe (inkl. Floskeln).

7.DIE ZEICHNUNG

In meinem Antrag habe ich keine
Zeichnung hinzugefügt.

 Natürlich ist es ihnen freigestellt, eine
Zeichnung beizulegen,

Auch diese sollte formalen Kriterien
entsprechen. Also die Seitenabstände
einhalten, keinen Text, sondern höchsten
Zahlen bzw. einzelne Buchstaben zur
Kennzeichnung der Teile verwenden.

Außerdem sollte die Zeichnung klare
Konturen haben (keine Unschärfen).

Dazu der Text des DPMA:

Bei Einreichung von **Zeichnungen** ist insbesondere auf
das Einhalten der Mindestränder gemäß § 7 GebrMV und
auf eine konturenscharfe Darstellung zu achten. Die
Zeichnungen dürfen auch keine Erläuterungen enthalten.
Stattdessen sollen bei den Zeichnungen Bezugszeichen
(Ziffern oder Buchstaben) verwendet werden; diese
Bezugszeichen können in der Beschreibung bei dem
jeweiligen Text in Klammern genannt oder in einer
Bezugszeichenliste auf einem gesonderten Blatt
zusammengestellt werden.

Quelle: DPMA Merkblatt für Gebrauchsmusteranmelder
(Ausgabe VI/2014)

Um ein Gefühl für den Aufbau eines Antrages zu bekommen, schauen sie sich einfach mal ein paar Anträge in der Datenbank des DPMA an.

Wenn sie nun sicher sind, ergänzen sie auf dem Antragsformular noch die Anzahl der beigefügten Anlagen und die Menge der Schutzansprüche.

Dann sauber und ordentlich verpacken und ab die Post.

8.DIE ANMELDUNG

Jetzt heißt es warten. Nach einigen Tagen bekommen sie Post von dem DPMA, in dieser wird ihnen das Aktenzeichen ihrer Erfindung mitgeteilt. Dieses Aktenzeichen ist sehr wichtig, da sie sich bei jedem Schriftwechsel mit dem DPMA darauf beziehen müssen.

Wenn sie keine automatische Abbuchung auf dem Antragsformular angekreuzt haben, und lieber überweisen möchten, dann tun sie das jetzt.

Vergessen sie nicht das ihnen zugeteilte Aktenzeichen auf der Überweisung anzugeben.

Bevor der endgültige Bescheid erfolgt, können noch zwei Dinge passieren.

1. Die Formulierung oder der Inhalt ihrer Beschreibung bzw. Schutzansprüche ist nicht klar verständlich. Oder die Erfindung wird als nicht schützenwert erachtet.

Das sagt das DPMA Merkblatt dazu:

Erfüllen die Anmeldungsunterlagen bestimmte Erfordernisse nicht, so ergeben sich unterschiedliche Rechtsfolgen, die von der Art des Mangels abhängen.

a) Bestimmte grundlegende Voraussetzungen müssen bereits bei der Einreichung des Eintragungsantrags erfüllt sein. Sie lassen sich zu dieser Anmeldung nicht nachholen. Zum Beispiel muss die Erfindung so verständlich und umfassend offenbart sein, dass ein Fachmann sie ausführen kann. Andernfalls ist es nicht möglich, die mit solchen Mängeln behaftete Anmeldung als Gebrauchsmuster einzutragen. Es kommt dann nur eine Neuanmeldung in Betracht. Die Anmeldung muss durch Beschluss zurückgewiesen werden, wenn sie nicht vorher zurückgenommen wird.

Quelle: DPMA Merkblatt für Gebrauchsmusteranmelder (Ausgabe VI/2014)

Sie können natürlich dagegen Einspruch erheben, aber das lohnt sich in den meisten Fällen nicht. Wenn ihnen sehr viel an ihrer Erfindung liegt wäre jetzt der Zeitpunkt gekommen, sich professionelle Hilfe zu suchen und die Erfindung in geänderter Form noch einmal einzureichen.

(Das heißt aber auch, noch mal zu bezahlen!)

Eine Nachbesserung oder Veränderung des Inhaltes ist nicht möglich!

2. Die Kriterien für die Gestaltung des Layouts sind nicht eingehalten, oder die Unterlagen weisen optische Mängel auf.

Das ist nicht so schlimm. In der Mitteilung wird der Mangel beschrieben, sodass sie ihn leicht beheben können.

Zum Beispiel:

Beschmutztes, zerrissenes oder verknittertes Papier.

Schriftart unleserlich, oder zu klein.

Die Randabstände nicht beachtet.

Einfach noch mal richtig ausdrucken und hinschicken. (Aktenzeichen nicht vergessen!)

Wie gesagt, nur die in Punkt 2 aufgeführten Mängel sind kostenfrei behebbar.

Alles erledigt? Dann heißt es warten.

Wenn alles in Ordnung ist, sollte dann nach ein paar Wochen diese Urkunde bei Ihnen eintreffen.

Und das ist der Lohn der Mühe.

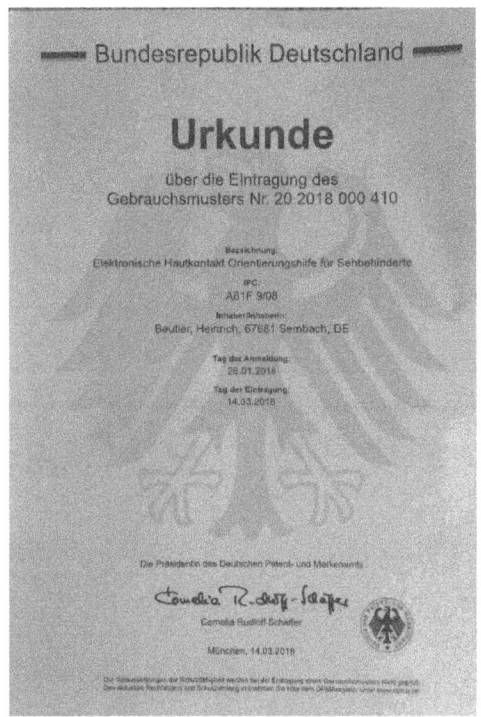

Vergessen sie nicht, dass nach 3,6 und 9 Jahren weitere Gebühren fällig sind!

Sie werden nicht daran erinnert, also denken sie selber dran. Bei nicht fristgemäßer Zahlung verfällt ihr Anspruch.

8. Die Vermarktung

Darüber werde ich mein nächstes Buch schreiben.

Aber Spaß beiseite, da draußen laufen ein paar Leute herum, die nur ihr bestes wollen, nämlich ihr Geld!

Unter dem Vorwand, ihnen helfen zu wollen, möchten sie diese Leute dazu bringen, erst mal Geld zu investieren, um dann ihre eigene ach so tolle Erfindung auf den Markt zu bringen.

Wenn sie meinen, es bringt etwas, dann schmeißen sie nur ihr Geld aus dem Fenster.

Versuchen sie es vielleicht erst mal mit einem Direktkontakt zur Industrie, zu einer Forschungseinrichtung oder dem Handel. Große Unternehmen sind eher abweisend, da sie eigene Forschungsabteilungen unterhalten. Also probieren sie es eher bei kleineren Unternehmen!

IMPRESSUM

Heinrich Beutler

Inventor

Author

IT Hardware/Software

Hauptstrasse 64-67681 Sembach-Germany +4963033361

e-mail: heinrich.beutler@googlemail.com

www.ingramcontent.com/pod-product-compliance
Lightning Source LLC
Chambersburg PA
CBHW030039230526
45472CB00002B/588